Bibliografische Information der Deutschen Nationalbibliothek:

Die Deutsche Bibliothek verzeichnet diese Publikation in der Deutschen National-
bibliografie; detaillierte bibliografische Daten sind im Internet über http://dnb.d-
nb.de/ abrufbar.

Impressum:

Copyright © 2015 GRIN Verlag, Open Publishing GmbH
Druck und Bindung: Books on Demand GmbH, Norderstedt Germany
ISBN: 9783668248915

Dieses Buch bei GRIN:

http://www.grin.com/de/e-book/334649/die-eifel-vulkanismus-in-deutschland

Nina Schumertl

Die Eifel. Vulkanismus in Deutschland

GRIN Verlag

S E M I N A R A R B E I T

aus dem Fach

Geographie

Thema: **Die Eifel – Vulkanismus in Deutschland**

W-Seminar: Geomorphologie – Die vielfältige Formung unserer Erdoberfläche

Abgabetermin: 10.11.2015

Inhalt

1. <u>Vulkanismus – ein weltweites Phänomen</u>

Vergangenheit, Gegenwart und Zukunft. Wohl kein anderes Naturschauspiel prägt seit jeher das Bewusstsein der Menschen wie der Vulkanismus.

So beeinflussten Vulkane bereits vor Jahrtausenden das Denken und Handeln der Bevölkerung. In vielen Kulturen galten sie aufgrund ihrer majestätischen und ehrfurchtgebietenden Erscheinung als „Sitz der Götter".[1] Beispiele hierfür sind die jähzornige Vulkangöttin Pele auf der Insel Hawaii oder Hephaistos, der im Ätna Waffen für die Götter des Olymp schmiedete.[2] Viele der mythisch überlieferten Eruptionen, also die Ausbrüche der Vulkane,[3] wurden als unheilbringend und im Christentum sogar als Hölle bezeichnet. Dadurch zeigt sich auch die uralte „Grundangst"[4] der Menschen gegenüber diesen unheimlichen Naturspektakeln, welche auch Goethe bei seiner berühmten Italienreise am 16. Februar 1787 anspricht: „Denke ich an Neapel, ja gar nach Sizilien, so fällt es [...] auf, daß in diesen Paradiesen der Welt sich zugleich die vulkanische Hölle so gewaltsam auftut und seit Jahrtausenden die Wohnenden und Genießenden aufschreckt und irre macht".[5]

Der Vulkanismus zeigt durchaus auch paradiesische Züge, denn große Teile der Bevölkerung ziehen nach wie vor einen hohen Nutzen aus den sogenannten „vulkanischen Ressourcen". So werden beispielsweise fruchtbare Böden für eine ertragreiche Landwirtschaft, vulkanische Gesteine als isolierendes Baumaterial und Erdwärme als erneuerbare Energiequelle verwendet.[6] Es sind mitunter diese Aspekte, welche die Umgebung von Vulkanen zu einem sehr attraktiven Lebensraum machen, wie die geographischen Lagen verschiedenster Metropolen belegen. Beispiele hierfür sind die am Vesuv gelegene italienische Millionenstadt Neapel, Quito in Ecuador mit dem Cotopaxi, Yogyakarta in Indonesien „am Fuß des 2010 besonders heftig ausgebrochenen Merapi" oder auch Seattle in den Vereinigten Staaten nahe des Vulkans Mt. Rainier.[7]

Der Vulkanismus ist auch mit diversen Zukunftsfragen eng verbunden. So kann bei stark explosiven Ausbrüchen Auswurfmaterial bis zu 40 km in die Höhe steigen und somit nicht nur wie im Jahr 2010 zu einer mehrwöchigen massiven Störung des europäischen

---

[1] Schmincke Hans-Ulrich; Kräfte aus der Unterwelt? Ein Vorwort, In: Geographische Rundschau, Juni 6 / 2011, S. 5

[2] nach Szeglat Marc; http://www.vulkane.net/lernwelten/schueler/menschen5.html 09.09.15

[3] nach Murawski Hans; Geologisches Wörterbuch, Stuttgart 1983, S. 54

[4] Schmincke; a. a. O.

[5] Goethe Johann Wolfgang von; Italienische Reise, In: Goethe – Autobiographische Schriften III, Band 11, München 2002, S. 171

[6] nach Schmincke; a. a. O.

[7] nach Schmincke, a. a. O., S. 6

Flugverkehrs führen (Eyjafjallajökull, Island), sondern auch nachhaltig das Klima beeinflussen. Im hochaktuellen Themenfeld rund um die Forschung nach erneuerbaren Energiequellen stellt die bereits oben erwähnte Erdwärme (Geothermie) ebenfalls einen wichtigen Aspekt dar.[8] Mit der zunehmenden Ansiedlung in den gefährdeten Gebieten, besteht immer mehr die Notwendigkeit, aktive Vulkane mithilfe verschiedenster Technik vorausschauend zu überwachen und dadurch im Falle einer Eruption rechtzeitig entsprechende Sicherheitsmaßnahmen und Evakuierungen durchführen zu können.[9]

Doch was genau ist eigentlich ein Vulkan?

Der Begriff Vulkanismus beschreibt alle Vorgänge, die sich auf die Förderung von geschmolzenem Gestein (Magma) aus dem Erdinneren an die Erdoberfläche beziehen. Als Vulkane bezeichnet man die direkten „Austrittsstellen von festen, flüssigen und gasförmigen Förderstoffen". Diese treten an „geologischen Bruch- und Schwächezonen der Erdkruste"[10] auf, wie beispielsweise den Grenzen der Erdplatten. Besonders bekannt ist hierbei der sogenannte „Feuergürtel des Pazifiks (Ring of Fire)", der durch die Grenzen der Pazifischen Platte an umliegende Erdplatten definiert wird. Hier findet man 75 % aller Vulkane weltweit.[11]

Bei Betrachtung dieser Fakten liegt der Gedanke sehr fern, dass auch bei uns in Deutschland Vulkane und vulkanische Erscheinungen existieren und diese in manchen Regionen sogar das Natur- und Kulturräumliche maßgeblich prägen. So gibt es in unserem Land mehr als ein Dutzend Gebiete, Landstriche und Gegenden, welche vulkanischen Ursprungs sind und dies oftmals durch markante, ja spektakuläre Landschaftsformen zeigen. Mancherorts sind die oberflächlichen Erscheinungsformen aber auch völlig unauffällig und für den Laien in ihrer Existenz kaum zu erkennen. In dieser Arbeit wird nun der deutsche Vulkanismus, speziell das Gebiet der Eifel mit einem besonderen Augenmerk auf den Laacher See Vulkan erläutert.

2. <u>Vulkanismus in Deutschland</u>

2.1. <u>Regionale Verbreitung</u>

Deutschland und der Vulkanismus. Etwas, das auf den ersten Blick nicht zusammengehörig erscheinen mag. Jedoch existiert hier eine breite Ansammlung verschiedenster vulkanischer Erscheinungen, die nicht nur das Landschaftsbild und die Szenerie, sondern auch Kultur, Wirtschaft und Tradition prägen. Die Verbreitung der Gebiete mit vul-

---

[8] ebd., S. 4 f.
[9] ebd., S. 7
[10] Richter Dieter; Allgemeine Geologie, Berlin 1986, S. 250 ff.
[11] nach Simper Gerd; Vulkanismus verstehen und erleben, Feuerbach 2005, S.15

kanischen Aktivitäten ist auf der Karte Abb. 1 veranschaulicht. So erstreckt sich der Vulkanismus vom Gebiet des Kaiserstuhls im Südwesten, über die Eifel, den Westerwald und die Rhön bis hin in den Osten mit Erzgebirge und Oberlausitz. Damit liegt ein Großteil der Vulkane im Bereich der deutschen Mittelgebirge.[12]

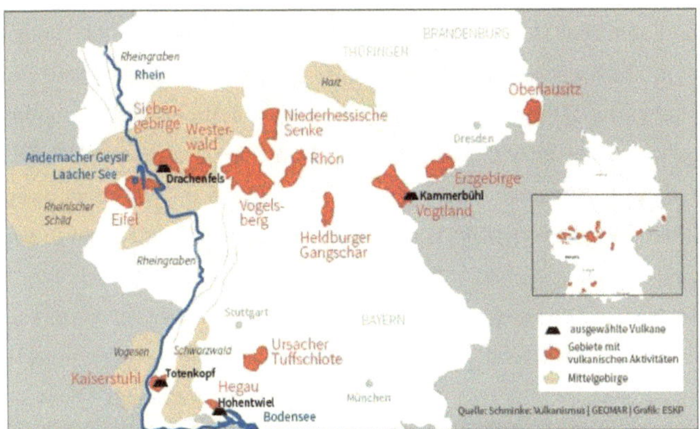

Abb. 1: Verteilung der Vulkangebiete in Deutschland

Ein erstes Beispiel für ein deutsches Vulkangebiet ist der besagte Kaiserstuhl (vgl. Abb. 2 im Anhang). Dieser ist nicht nur unter Geologen, sondern auch unter Weinliebhabern sehr bekannt, denn hier werden zahlreiche Weinstöcke auf vulkanischen Böden gezüchtet und angebaut.[13] Entstanden ist das im Durchmesser etwa 16 km große Gebiet vor ca. 18 bis 16 Millionen Jahren und fällt somit in das Erdzeitalter des Miozän.[14]

Ein anderer deutscher Vulkan ist der Vogelsberg, der in etwa ein ähnliches Alter wie der Kaiserstuhl besitzt. (vgl. Abb. 3 im Anhang). Er „ist mit rund 2.500 km^2 [sogar] das größte zusammenhängende Vulkangebiet Mitteleuropas" und „setzt sich aus einer Vielzahl von Einzelvulkanen zusammen".[15]

Die wohl beeindruckendsten und spektakulärsten vulkanischen Landschaftsformen finden sich zweifelsohne in der Eifel, weswegen dieses Gebiet nicht nur einen hohen touristischen Stellenwert erlangt hat, sondern auch in der geologischen Fach- und populärwissenschaftlichen Literatur sehr häufig Erwähnung findet. Dies ist mitunter der Grund für die Festlegung des Kernthemas dieser Arbeit.

---

[12] nach Bonanati Christina; http://www.eskp.de/vulkangebiete-in-deutschland/ 19.09.15
[13] nach Rothe Peter; Die Geologie Deutschlands, Darmstadt 2005, S. 147
[14] nach Walter Roland; Geologie von Mitteleuropa, Stuttgart 1992, S. 358
[15] ebd., S. 334

2.2. <u>Vulkanische Erscheinungsformen in Deutschland</u>

Vulkan ist nicht gleich Vulkan. Weltweit existieren verschiedenste Erscheinungsformen dieser Naturphänomene. Die in Deutschland vorkommenden Typen erwecken oftmals nicht den Anschein auf einen vulkanischen Ursprung, da man mit dem Wort Vulkan vor allem eine Landschaftsform – den typischen kegelförmigen Berg mit Krater – in Verbindung bringt. Dieses klischeehafte Bild erfüllt speziell der Stratovulkan, auch Schicht- oder Zentralvulkan genant, der durch sein klassisches Äußeres und den meist spektakulären Eruptionen ein Liebling der Medien ist. Bekannte Beispiele hierfür sind der Fuji-san in Japan, der Kilimandscharo in Tanzania oder auch der in Frankreich gelegene Cantal. In Deutschland existieren ebenfalls Stratovulkane, die jedoch aufgrund ihres Alters durch Erosion und Verwitterung ihre charakteristischen Merkmale bereits größtenteils verloren haben, so beispielsweise der Vogelsberg. „Stratovulkane entstehen aus einer Abfolge von Glutwolkenmaterial, Aschen und Lavaströmen" und die steile Form bildet sich durch vergleichsweise kältere und dementsprechend zähflüssigere Lava. Diese besitzt außerdem einen hohen Gasanteil, der aufgrund der Textur meist nur schlagartig und somit explosiv entweichen kann. Daher die spektakulären Eruptionen.

Die weltweit am häufigsten vorkommende Form von Vulkanen sind Schlackenkegel, auch Schlackenvulkane genannt, die normalerweise nicht einzeln, sondern in sogenannten monogenetischen Feldern auftreten. Diese Felder befinden sich Großteils an den Flanken großer Stratovulkane, wie es beispielsweise der auf Sizilien gelegene Ätna vorweisen kann. Schlackenvulkane bilden sich hauptsächlich aus ausgeworfenen Lavafetzen, die bereits im Flug erkalten und je nach Windrichtung und Auswurfsstärke Krater oder Kegel bilden. Ein einzelner Schlackenkegel ist in der Regel nur einmal aktiv, ein ganzes Feld kann jedoch einige tausend Jahre tätig sein. Die durchschnittliche Höhe beträgt ca. 200 m und der maximale Durchmesser liegt bei ca. 500 m.[16] In Deutschland sind vor allem in der Eifel viele Schlackenvulkane in unterschiedlichster Größe und Form vorzufinden.[17]

Dieses Gebiet ist allerdings hauptsächlich bekannt für die vielen Maare (ca. 60), die heute meist als Seen in der Landschaft vorzufinden sind. Der Begriff „Maar" hat sogar in der Eifel seinen Ursprung und leitet sich aus einem heimischen Wort für Weiher ab. Die Entstehung dieser Hohlformen geht auf Wasserdampfexplosionen zurück - nämlich dann, wenn Magma aus dem Erdinneren auf Grund- oder Oberflächenwasser trifft und das Wasser sich durch Verdampfen schlagartig auf das 1000-fache Volumen ausdehnt. Dabei können Schlote von weniger als 100 m bis zu einem Kilometer Durchmesser durch

---

[16] nach Simper Gerd; 2005, S. 40 ff.
[17] ebd., S.143

die Explosionen (phreatische Eruption) frei gesprengt werden. Die Läufe von Flüssen und Bächen folgen oft sogenannten Störungen (Risse) in der Erdkruste, denn hier ist das Gestein deutlich leichter abzutragen. Auch das Magma nutzt bevorzugt diese Schwächezonen, weshalb Maare meist in Flusstälern o.ä. auftreten. Die Entstehung dieser vulkanischen Phänomene weist mehrere Phasen auf. Bei der ersten wird ausschließlich durch die initiale Explosion zerstörtes Deckmaterial ausgeworfen. Daraufhin vermischt sich frisches Magma mit Teilen des sich immer mehr erweiternden Schlotes. Oftmals strömt mehr Wasser nach, weshalb es regelmäßig zu sogenannten „pulsierenden Stößen", also weiteren Explosionen kommt. Diese kann man als deutlich abgrenzbare Schichten im abgelagerten Material erkennen.

Nach dem Versiegen des Wassers gibt es mehrere Möglichkeiten, wie sich der nun entstandene Krater weiter entwickeln kann. Oftmals wird das Kilometer tiefe Loch mit zurückfallendem Auswurfmaterial und Abrutschungen von den Seitenwänden her aufgefüllt (zerstörte Deckschichten). Im Laufe der Zeit kann sich die zurückgebliebene Senke mit Wasser füllen[18] und auf diese Weise die für die Westeifel typischen, nahezu kreisrunden Seen bilden. Beispiele hierfür sind das Gemündener Maar, Weinfelder Maar und Schalkenmehrener Maar, wie auf nachfolgender Satellitenaufnahme Abb. 4 dargestellt. Außerdem ist das Ulmener Maar erwähnenswert, denn dieses ist mit einem Alter von 11.000 Jahren sogar der jüngste Vulkan Deutschlands.[19]

(Abbildung aus urheberrechtlichen Gründen entfernt.)

Abb. 4: Satellitenaufnahme mit Gemündener Maar, Weinfelder Maar und Schalkenmehrener Maar in der Eifel

Eine weitere Möglichkeit nach dem Versiegen des Wassers ist der Auswurf von Lavafetzen aus dem Schlot. So kann sich aus einem Maar ein Schlackenvulkan bilden, wie es bei den meisten Schlackenvulkanen der Eifel auch der Fall ist.[20] In sehr seltenen Fällen ist auch die Entstehung eines neuen Vulkankegels durch die nachströmende, fließende Lava (keine ausgeworfenen Fetzen wie beim Schlackenkegel) möglich. Dieses Phänomen ist jedoch fast nur in der Eifel und der Auvergne in Frankreich vorzufinden.[21]

Nun wird eine Erscheinungsform angesprochen, die sich streng genommen weder als Maar, noch als Schlackenvulkan definieren lässt, jedoch in der Eifel ebenfalls existiert. Die Rede ist von sogenannten „Lapillikegeln", wie sie der Vulkanologe Hans-Ulrich Schmincke bezeichnet. Hier bestehen die Ablagerungen nicht aus verschieden großen

---

[18] ebd., S. 46 ff.
[19] nach Schmincke Hans-Ulrich; Vulkane der Eifel, Heidelberg 2014, S. 25
[20] ebd., S. 35 f.
[21] nach Simper; a. a. O.

Fetzen, sondern zum größten Teil aus einer bestimmten Art von Tephra[22] („Bezeichnung für die lockeren vulkanischen Auswurfprodukte"[23]). Diese 2 bis 64 mm großen Partikel werden Lapilli genannt und treten bei Lapillikegeln als Kugellapilli in fast kreisrunder Form auf.[24] Sie entstehen in einer Art Übergangsphase vom Maar zum Schlackenkegel, bei der zwar noch Wasserdampf vorhanden ist, nicht aber „den Charakter der Eruption bestimmt". In dieser Phase sind die Partikel nicht mehr so heiß, dass sie sich mit anderen verbinden könnten. Daraus resultiert die Kugelform. Außerdem kann überschüssiges Gas wie Wasserdampf oder auch CO_2 aus dem Magma entweichen und die Teile weiter zerkleinern. In vielen Fällen wird eine Kugellapillischicht allerdings von einer Schlackenschicht überlagert. Des Weiteren kann die Kugellapilliphase auch als reines Hauptstadium und nicht als Übergang auftreten. Beispiele für Lapillikegel sind die Vulkane Betteldorf oder Herchenberg in der Eifel.[25]

Ein letztes vulkanisches Phänomen ist die sogenannte „Caldera". Hier ist meist nicht direkt Magma ausgetreten, sondern eine große Magmakammer unterhalb des Vulkans durch weite Entleerung nach einer Eruption zusammengebrochen. So entstehen an der Oberfläche sichtbare Kessel (span. Caldera) mit gewaltigen Ausmaßen, die unter anderem ebenfalls in der Eifel (Riedener und Wehrer Kessel[26]) und am Ätna (Valle del Bove) existieren.

3. Der Eifelvulkanismus

3.1. Geographischer Überblick

Das jüngste Vulkangebiet Mitteleuropas. Das in den letzten 200 Jahren wahrscheinlich am intensivsten erforschte Vulkangebiet der Erde.[27] Insgesamt rund 340 Vulkane auf einem Gebiet.[28] Wer denkt bei diesen Fakten an Deutschland, oder gar an die Eifel? Der Vulkanismus, Fossilienreichtum und eine große Vielfalt an Gesteinen üben eine hohe Anziehungskraft auf Laien, Geologen und Vulkanologen aus. Auch Touristen können sich auf diversen Lehrpfaden, Wanderwegen und in Museen über diese Themen informieren.[29] Einen orientierenden Überblick über die Verteilung der wichtigsten Vulkane in

---

[22] nach Schmincke; a. a. O., S.40
[23] Murawski Hans; 1983, S. 221
[24] nach Schmincke; a. a. O., S. 29
[25] ebd., S. 40
[26] nach Simper; a. a. O., S.143
[27] nach Schmincke Hans-Ulrich; 2014, S. 3
[28] ebd., S. 25
[29] nach Rothe Peter; 2005, S. 49

der Eifel gibt die Karte Abb. 5. Hier kann man bereits eine grobe Unterteilung des Gebietes zwischen West und Ost erkennen. Dazu aber später mehr.

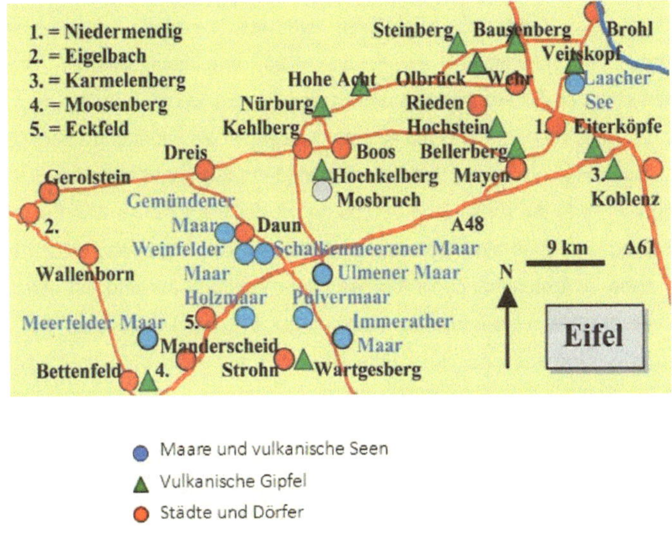

Abb.5: Das Vulkangebiet der Eifel

Durch die vielen Steinbrüche ist kaum ein anderes Vulkangebiet der Erde so gut geologisch aufgeschlossen (Aufschluss = „Stelle der Erdoberfläche, an der sonst [...] verdeck-
tes Gestein unverhüllt zu Tage tritt", natürlich oder künstlich durch den Menschen verursacht[30]). Man kann verschiedenste Ablagerungen und Schichten einsehen, die außeror-
dentlich viel über den vorliegenden Vulkanismus und die Entstehungsgeschichte der Eifel erzählen. Aus diesem Grund ist es auch möglich, dieses Gebiet im Vergleich zu anderen so intensiv zu erforschen. Außerdem wurden die vulkanischen Gesteine sogar schon
von den alten Römern zu verschiedensten Zwecken verwendet, wie der Bau von Häu-
sern oder das Mahlen von Mehl. Die über 2.000 Jahre andauernde Steinindustrie hat
dementsprechend das Leben in der Eifel und die Forschung über vulkanische Erscheinungsformen bis heute maßgeblich geprägt.[31]

---

[30] nach Murawski Hans; 1983, S. 14
[31] nach Schmincke, a. a. O., S. 138

3.1.1. Ursachen und Ursprung des Eifelvulkanismus

Wieso existieren überhaupt vulkanische Erscheinungen inmitten Europas, relativ weit entfernt von den besagten Plattengrenzen, die den Großteil des globalen Vulkanismus verantworten? Ein Feld wie die Eifel, welches innerhalb der kontinentalen Lithosphärenplatten entsteht wird als „kontinentales Intraplattenvulkanfeld" bezeichnet. Diese treten meist an Schwachstellen und Rissen der Erdkruste auf.[32] Bei den meisten deutschen Vulkanfeldern, die Eifel mit eingeschlossen, ist die zugehörige Schwächezone das sogenannte „Rheingrabensystem", das folgendermaßen entstand: Vor vielen Millionen Jahren kollidierte die Afrikanische Erdplatte mit der Eurasischen. Die Folge war neben der Bildung der Alpen eine Wölbung der Erdkruste vom Alpenrand bis zur Nordsee. Durch die dabei auftretenden Zugkräfte riss diese Wölbung auf und ein tiefer Graben entstand, den der Rhein bis heute als Flussbett nutzt. Zusätzlich bildeten sich mehrere Seitenarme des Grabens und vereinzelte Becken brachen in dem großteils intakten „Rheinischen Schild" ein, wie die Kölner Bucht oder das Neuwieder Becken. Unter solchen Störungen kann sich ursprünglich plastisches oder festes Material aus dem Erdmantel durch die Druckentlastung verflüssigen und zwischen Erdkruste und Erdmantel als Magma ansammeln. Einem winzigen Teil davon ist es durch „partielle Aufschmelzung" möglich, weiter nach oben und in wenigen Fällen sogar bis zur Erdoberfläche aufzusteigen. Unter dem Gebiet der Eifel wurden mithilfe seismischer Untersuchungen solche Anomalien entdeckt, die allgemein als „Plumes" bezeichnet werden. Man kann sich einen Plume als einen schlauchförmigen und aufgeschmolzenen Bereich vorstellen, der etwas wärmer als die Umgebung ist und aus diesem Grund träge aufsteigen kann. Die „Eifelplume" ist somit die Ursache des Vulkanismus der Eifel. [33]

Auch wirtschaftlich ist diese ein wichtiger Aspekt, denn ein Großteil des Magmas entgast an der Grenze zwischen Erdmantel und Erdkruste. Dadurch steigen gewaltige Mengen CO_2 auf die vor allem von der Mineralwasserindustrie genutzt werden. Bekannte Firmen, wie Gerolsteiner oder Apollinaris haben hier ihre Quellen.[34]

Auf dem Blockbild Abb. 6 sind in einem Querschnitt des Rheinischen Schildes der Plume als Ursprung des Vulkanismus und Verwerfungen im Rheingraben als Ursachen für meist schwache Erdbeben (Kreise) veranschaulicht. Zur Veranschaulichung der geologischen Gegebenheiten zeigt Abb. 7 den Rheingraben mit dem Rheinischen Schild, dem

---

[32] nach Schmincke Hans-Ulrich; 2014, S.14
[33] ebd., S.25
[34] nach Simper Gerd; 2005, S. 143

Neuwieder Becken und den Eifelvulkanfeldern (WEVF: Westeifel Vulkanfeld; EEVF: Ost-

eifelvulkanfeld; HEVF Hocheifel Vulkanfeld). [35]

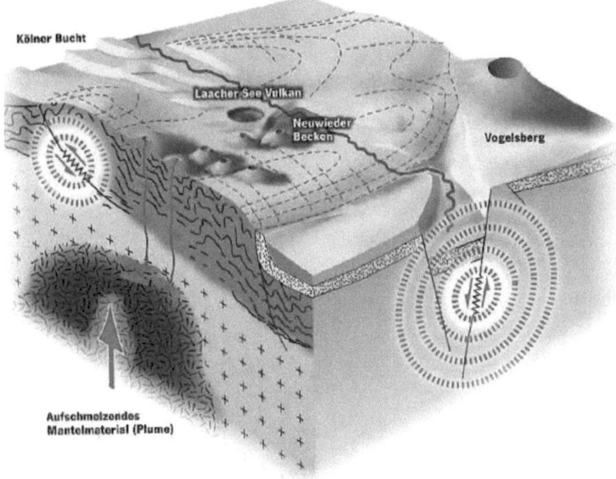

Abb. 6: Blockbild des mitteleuropäischen Rheinischen Schildes

---

[35] nach Schmincke; a. a. O., S.14 ff.

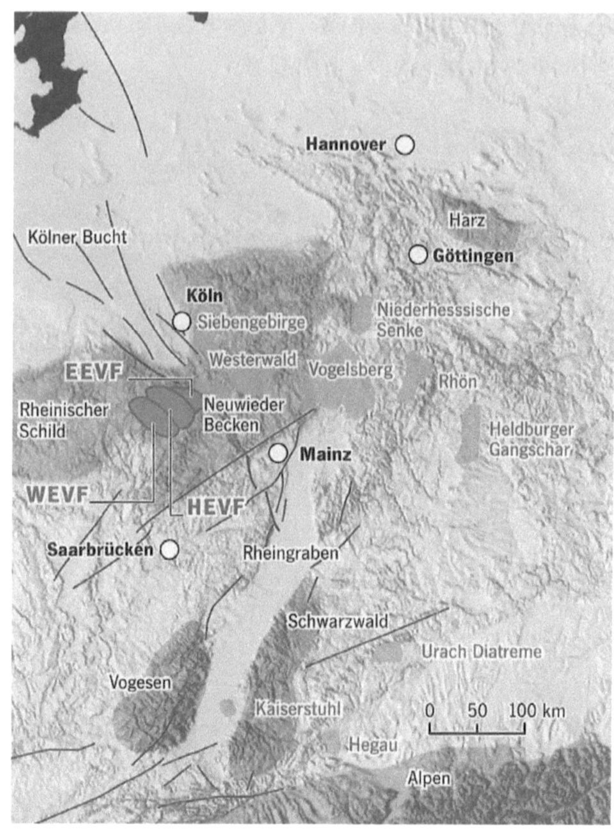

Abb. 7: **Rheingrabensystem u.a. mit Rheinischem Schild, Neuwieder Becken und den Vulkanfeldern der Eifel**

3.1.2. Einteilung in West- und Osteifel

Schon seit vielen Millionen Jahren ist die Eifel vulkanisch aktiv. Ältere Vulkangebiete wie die Hocheifel sind daher bereits so weit verwittert und erodiert, dass sie in der Natur kaum auffallen.[36] Aus diesem Grund werden in dieser Arbeit nur die quartären, also erdneuzeitlichen Eifelvulkanfelder berücksichtigt (ab 1,8 Millionen Jahre[37]). Hierbei kann man grundsätzlich von einer Unterteilung zwischen Westeifel und Osteifel sprechen. Auf der Karte Abb. 8 ist nochmals die Verteilung der West- und Osteifelvulkanfelder dargestellt.

---

[36] nach Schmincke Hans-Ulrich; 2014, S.21
[37] nach Unterrichtsmaterial W-Seminar vom 22.09.14

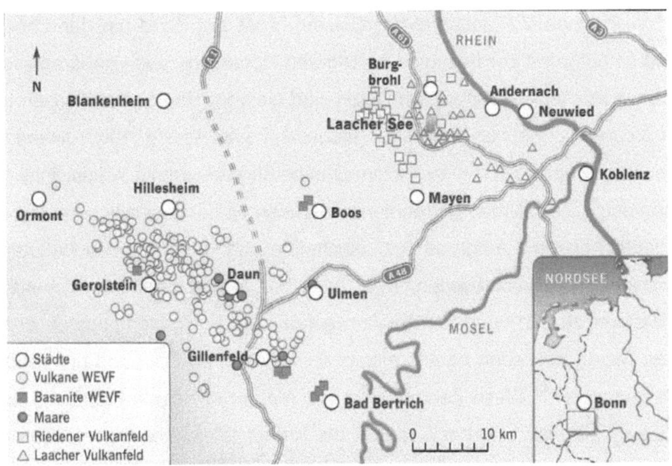

Abb. 8: Verteilung der Westeifel- und Osteifelvulkanfelder (Laach und Rieden)

Die Westeifel umfasst rund 240 bekannte Vulkane, wobei die meisten vor 400.000 bis 500.000 Jahren entstanden sind. Charakteristisch für dieses Gebiet sind die vielen wassergefüllten und dadurch landschaftsbestimmenden Maare, die mit einem Alter von teilweise weniger als 100.000, in Einzelfällen sogar unter 50.000 Jahren deutlich jünger sind als die restlichen Westeifelvulkane. Das bereits erwähnte Ulmener Maar ist mit 11.000 Jahren sogar der jüngste Vulkan Mitteleuropas überhaupt (vgl. Abb. 9 im Anhang).[38] Insgesamt 25 % der Westeifelvulkane sind Maare, 60 % Schlackenkegel und der Rest bildet sich aus Sonderformen der Maare und Schlackenvulkane.[39] Allerdings fällt hier die große Vulkandichte meist nicht sonderlich auf, denn durch eine rund 200 m höhere Lage ist die Westeifel deutlich mehr Niederschlägen und somit stärkerer Erosion und Verwitterung ausgesetzt als die Osteifel. Außerdem sind die meisten dieser Vulkane bewaldet und nur durch diverse Steinbrüche für das menschliche Auge aufgeschlossen.[40] Hierbei kann man auch erkennen, dass sich die vulkanischen Bildungen der Westeifel auf einem aus Sandsteinen und Schiefern aufgebauten Untergrund entwickelt haben, welche im Erdzeitalter des Devon (ca. 350 Millionen Jahre) entstanden und damit um ein vielfaches älter sind, als die vulkanische Überlagerung. Diese devonischen Gesteine wiederum werden ihrerseits von noch älteren Metamorphiten – in großen Tiefen umgewandelte Gesteine – wie zum Beispiel von Gneisen unterlagert.

---

[38] nach Schmincke; a. a. O., S.25

[39] nach Büchel Georg, Lorenz Volker, Weiler Helmut; Das Westeifel-Vulkanfeld, In: Jahresberichte u. Mittelungen d. oberrhein. geologischen Vereines, Stuttgart 1984, S.109

[40] nach Schmincke; a. a. O., S. 30 f.

Das geologisch junge Vulkangebiet der Osteifel bildet sich rund um den Laacher See Vulkan und ist aufgrund der besagten niedrigeren Höhenlage auch geographisch relativ klar von der Westeifel abtrennbar. Im Osten wird sie vom Rhein durchflossen und u. a. durch das Neuwieder Becken begrenzt.[41] Insgesamt sind hier ca. 100 Vulkane vorzufinden, die ebenfalls episodisch aktiv waren. Das heißt, dass immer wieder innerhalb von geologisch kurzen Zeiträumen getrennt von längeren Ruhephasen besonders viele Vulkane ausgebrochen sind. Aufgrund der Vulkanverteilung kann man drei Haupteruptionszentren ausweisen, nämlich Rieden, Wehr und den Laacher See, wobei streng genommen nur letzterer zu den quartären Feldern gehört. Große Bimseruptionen, Erläuterung folgt später, haben in Rieden bereits mehrmals, in Wehr zweimal und am Laacher See einmal stattgefunden.[42] Diese Zentren sind von mehreren Kegeln kranzartig umgeben, wie beispielsweise beim Laacher See u.a. der Krufter Ofen, Thelenberg oder auch der Laacher Kopf.[43]

Millionen Jahre Vulkangeschichte in einem unscheinbaren Gebiet Mitteleuropas mit unzähligen einzelnen Vulkanen. Der ‚Hauptdarsteller' dieser über 340 Naturphänomene der Eifel ist jedoch in jedem Fall der junge Laacher See Vulkan, welcher im folgenden Kapitel näher erläutert wird.

3.2. Laacher See Vulkanismus

3.2.1   Geographie und Beschreibung der Ausgangssituation

Abb. 10: Luftbildaufnahme des Laacher Sees

---

[41] ebd., S. 21
[42] ebd., S. 25 f.
[43] ebd., S. 31

Der Laacher See ist ein mit Wasser gefüllter Krater, der von älteren Schlackenkegeln, seinen „Dienern und Trabanten"[44] kranzartig umgeben ist, wie man es auf der Luftbildaufnahme Abb. 10 erkennen kann.[45] Er ist 51 m tief, die Länge beträgt ca 2 km und der Wasserspiegel liegt bei 275 m ü. NN.[46] Die Frage nach „der wahren Natur des Laacher See-Vulkans [spielt] eine große Rolle in der Geschichte der Vulkanologie, ja der Erdgeschichte insgesamt"[47], denn hier fand vor 12.900 Jahren „die gewaltigste Vulkanexplosion in Mitteleuropa geologisch junger Zeit" statt. Bevor jedoch der Ausbruch näher erläutert wird, folgt nun die Betrachtung der zuvor herrschenden Situation.

Gegen Ende der letzten Eiszeit während einer etwas wärmeren Zwischenphase, dem sogenannten „Allerød", geprägt von kühlem und trockenem Klima, war an der Stelle des jetzigen Sees bereits ein kleinerer Kratersee (Maar) vorzufinden, der ebenfalls kranzförmig von Schlackenvulkanen umgeben war. Sogar einige Menschen siedelten zu dieser Zeit nördlich des Rheins.

Jedoch war die Idylle trügerisch, denn unterhalb dieses Gebietes sammelten sich riesige Mengen an Magma an. Durch langsame Abkühlung änderte es seine Struktur ständig, da bestimmte Minerale durch die Abnahme von Temperatur und Druck auskristallisierten und ausgeschieden wurden. Diesen Vorgang nennt man auch Differenzieren.[48] Doch nun zum eigentlichen Ausbruch:

3.2.2   Ablauf der Eruption vor 12.900 Jahren

Die gewaltige Eruption des Laacher See Vulkans ist ein typisches Beispiel für eine „plinianische Eruption, deren Mechanismus im Verlauf der nur wenige Tage dauernden Hauptphase [...] mehrfach wechselte." Benannt ist dieser Eruptionstyp nach Plinius dem Jüngeren, der im Jahr 79 n. Chr. den Ausbruch des Vesuvs in Italien ausführlich aufzeichnete (vgl. Abbildung 11 im Anhang). Vergleichbar mit Plinius' Beschreibung der Ereignisse am Vesuv eruptierten auch der Mount St. Helens 1980 (vgl. Abbildung 12 im Anhang), der Pinatubo 1991 und eben der Laacher See Vulkan, wie es im Folgenden beschrieben wird:[49]

<u>Auslösung und Anfangsphase:</u>

Die vorhin beschriebene „Differentiation" des Magmas führte allmählich zu einem hohen Gasgehalt, da die schwereren Bestandteile weiter und weiter auskristallisierten. Dadurch

---

[44] Leopold von Buch; Brief an J. Steininger 1820, In Schmincke Hans-Ulrich; 2014, S. 76
[45] nach Schmincke Hans-Ulrich; 2014, S. 3
[46] ebd., S. 77
[47] ebd., S. 5
[48] ebd., S. 77 - 80
[49] nach Schmincke Hans-Ulrich; 2014, S. 80 f.

wurde das flüssige Gestein immer leichter und begann allmählich aufzusteigen. Im alten Schlotbereich des damals schon vorhandenen älteren Maares sammelte sich viel Grundwasser an, welchem sich die aufsteigende ‚Front' aus Gas und Gesteinsschmelze von unten annäherte. Schließlich kam es beim Kontakt zu einer phreatischen Explosion (siehe S. 7), die aufgrund der schlagartigen Druckentlastung eine gewaltige Gasausdehnung mit Überschallgeschwindigkeit hervorrief. Dieser Vorgang ist in etwa vergleichbar mit dem unbedachten Öffnen einer gut geschüttelten Mineralwasserflasche. Dabei entstand eine Bodenwolke, bestehend aus Wasserdampf, zerissenem Nebengestein und schlagartig abgekühlten Magmasplittern (Glassplitter), die sich „mit einer vorhereilenden Druckwelle radial vom Krater" ausbreitete. Diese Massen setzten sich anschließend als bis zu 50 m mächtiger „sandiger Schlamm" ab, den man heute noch vor allem am größten Beispiel, dem Mendinger Fächer erkennen kann.[50] Aufgrund der bis dahin abgelaufenen Vorgänge könnte man den Laacher See Vulkan durchaus als klassisches Maar bezeichnen. Doch im späteren Verlauf der Eruption kamen noch Merkmale anderer Vulkantypen hinzu, sodass man auch Charakteristika beispielsweise eines Stratovulkans oder einer Caldera erkennen kann. Daher ist eine eindeutige Einstufung des Laacher See Vulkans nicht möglich.

Auf Abb. 13 ist ein Schema zum Ablauf einer phreatischen Explosion dargestellt. Der Begriff Pyroklasten ist eine „Sammelbezeichnung für sämtliche klastischen vulkanischen Produkte"[51], wobei „Sedimente, deren Material aus der mechanischen Zerstörung anderer Gesteine stammt" als klastisch bezeichnet werden.[52]

---

[50] ebd., S. 82 ff.
[51] Murawski Hans; 1983, S. 176
[52] ebd., S. 112

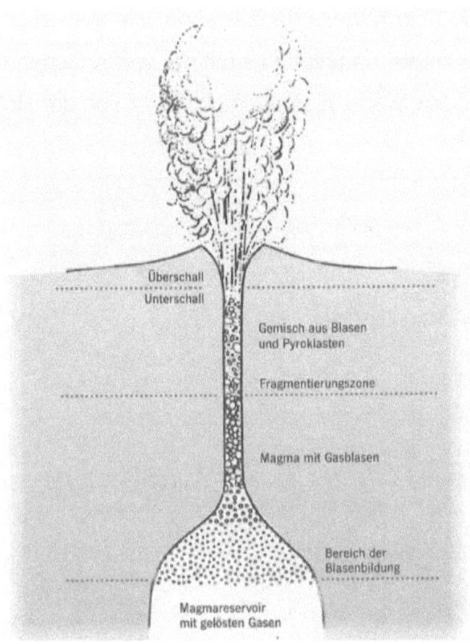

Abb. 13: Schemadarstellung einer phreatischen Explosion

<u>Hauptphase:</u>

Nachdem durch die beschriebenen Anfangseruptionen eine Öffnung geschaffen war, entgaste das Magma weiterhin schlagartig und der Krater brach zusammen.[53] Durch die plötzliche Druckentlastung, wurde das geschmolzene Gestein im Schlot zerrissen, „durch den mit 200 bis 400 m/sec herausschießenden heißen Strahl aus Bims, Asche und Gasen in kleine Stücke zerrieben, beschleunigt und mehrere 100 m bis viele Kilometer hoch in die Luft geschossen."

Bei diesem Vorgang wurde ständig kalte Luft angesaugt und durch die magmatischen Bestandteile erwärmt, wodurch diese mitsamt diversen Pyroklastika immer weiter bis in eine Höhe von 20 oder sogar 30 km in die Stratosphäre aufstieg.

In den darauf folgenden zwei bis drei Tagen wurde eine gewaltige Menge von 20 km^3 Bims[54] („extrem blasiges, meist helles Gesteinsglas"[55]) gefördert. Dies entspricht in etwa 6,5 km^3 Magma, deutlich mehr als bei der Eruption des Vesuvs und der des Mount St. Helens, aber in etwa vergleichbar mit den Fördermengen des Pinatubo-Ausbruchs. Diese Magmamasse könnte 1.500 Fußballfelder 50 m dick bedecken. Die sogenannten „Tephrafächer", also die Verteilungen der Auswurfmassen des Laacher See Vulkans er-

---

[53] nach Schmincke Hans-Ulrich; Quartärer Eifelvulkanismus, In: Geographische Rundschau, Juni 6 / 2011, S. 13
[54] nach Schmincke; 2014, S. 86 - 91
[55] ebd., S. 152

strecken sich fächerartig über nahezu ganz Europa, wie man auch auf der Abbildung 14 erkennen kann. Die gerichtete Verteilung ist mit der vorherrschenden Windrichtung Süd-west-Nordost zu begründen, wobei dies auch abhängig von der Höhe der Eruptionssäule in der Atmosphäre war.[56]

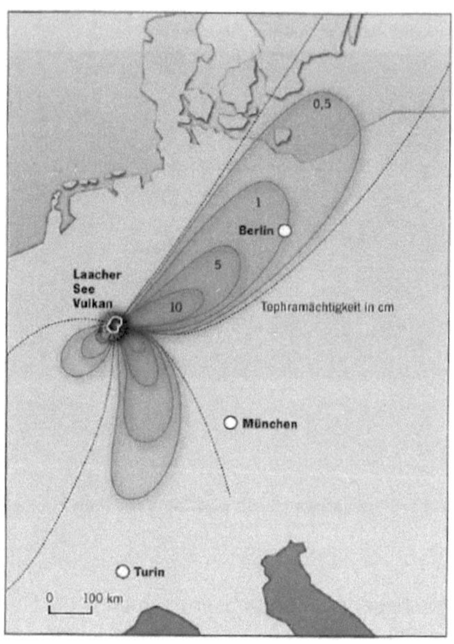

Abb. 14: Verteilung der Laacher See Tephra in Europa

<u>Endphase:</u>

Die Abschlussphase der Eruption bestand aus vielen komplexen Vorgängen, die zum Teil parallel oder auch nacheinander gewirkt haben. Im Folgenden werden einige Statio-nen dieser Abläufe angesprochen.

„Die letzte kraftvolle Eruptionsphase scheint vor allem durch Wasserzufuhr in die teilent-leerte Magmakammer bedingt zu sein", denn das Magma war in diesem Stadium bereits sehr zähflüssig und aufgrund der Differentiation reich an Kristallen. Diese Faktoren ma-chen die Annahme einer magmatischen Eruption nicht mehr möglich, was auch die durch Abschreckung entstandenen „blumenkohlartigen" Lapilliformen belegen. Hier fand aufgrund des Wassers eine Vielzahl von „Explosionspulsen" statt, wodurch schwere Par-tikel in „hochenergetischen Druckwellen" herausgeschleudert wurden. Durch das Grundwasser kühlte sich das Magma langsam ab[57] und die typische „plinianische Erupti-onssäule" verlor an Energie bis sie in sich zusammenfiel. Dadurch wurden immense,

---

[56] ebd., S. 90 f.
[57] ebd., S. 114 f.

äußerst kraftvolle Druckwellen verursacht, die allgemein als „base surges" bezeichnet werden. Diese Bodenströme[58] verbreiteten sich radial vom Krater ausgehend und transportierten Partikel, die dünenartig zur Ablagerung kamen. Anhand der Ausrichtung dieser Dünen, kann man heute noch auf eine hohe Energie und Geschwindigkeit schließen. Dieser Sedimentkomplex wird ergänzt durch Ablagerungen anderer Arten von Glutlawinen unterschiedlichster Textur und Zusammensetzung.

Am Ende der gesamten Eruption, als die Förderenergie fortlaufend abnahm, wurde das Magma und weitere Nebengesteine von „magmatischen Gasen und Wasserdampf in größeren Tiefen zerrieben". Durch schwache Ausbrüche stieg die so entstandene Asche in relativ niedrigen Eruptionssäulen auf und wurde weiter „in höhere Luftschichten transportiert". Diese abschließenden Vorgänge ereigneten sich nicht wie die Hauptphase innerhalb weniger Tage, sondern dauerten nach heutigen Erkenntnissen sogar einige Monate an.[59]

Schließlich ebbte das Geschehen allmählich ab, bis sich nach vielen Jahren an der Ausbruchsstelle des Vulkans der Laacher See bildete. Die Eruption zog gewaltige Folgen nach sich, die jedoch im Detail erläutert über den Rahmen dieser Arbeit hinausgehen würden. Beispielhaft hierfür sollen lediglich der Rückstau des Rheins oder erhebliche klimatische Veränderungen genannt sein.[60] Doch kann sich ein so unermessliches Ereignis in unserer Zeit abermals wiederholen?

4   Sind die Eifelvulkane eine Gefahr für die Zukunft?

Die Aktivität der Eifelvulkane ist ein unter Laien, Vulkanologen und Geologen beliebter Streit- und Diskussionspunkt. Lange galt die Annahme, der Vulkanismus sei völlig erloschen. Folgende Gründe wurden für die Befürwortung dieser These benutzt: Ein hoher CO_2 Austritt spiegelt „das Ausklingen der Vulkantätigkeit wider", die Eruption des Laacher See Vulkans geschah bereits vor einem großen Zeitraum, „es gibt keine Hinweise auf bevorstehende Eruptionen" usw..

Diese Aussagen sind jedoch keine wissenschaftlichen Beweise und können wie folgt widerlegt werden: Das Entweichen von CO_2 ist in nahezu jedem Stadium einer Eruption möglich, da das Gas sich nur schwer mit Magma verbinden kann und somit schon bei den kleinsten Störungen austritt. Häufig treten diese Entgasungen vor Eruptionen auf, können aber auch aus bis zu 30 km Tiefe aufsteigen. Somit ist dies weder ein Indiz für

---

[58] ebd., S. 81
[59] ebd., S. 114 ff.
[60] ebd., S. 121, 129

eine baldige Aktivität, noch ein Beweis für eine ruhende Eifel. Die CO_2-Aktivität kann man hier nicht nur an aufsteigenden Bläschen im Laacher See erkennen, sondern auch beispielsweise an dem touristisch beliebten Geysir von Wallenborn bei Bitburg (vgl. Abbildung 15 im Anhang) der periodisch durch Aufstauungen dieses Gases ausbricht.

Das zeitliche Argument greift ebenfalls ins Leere, denn „Phasen häufiger Vulkanausbrüche sind von längeren Zeiträumen ohne Vulkanausbrüche voneinander getrennt." So herrschte in der Osteifel vor dem Ausbruch des Laacher See Vulkans eine Ruhephase von etwa 100.000 Jahren. Diese Eruption war durchaus nicht die letzte der Eifel, denn 2.000 Jahre später wurde das Ulmener Maar geboren. Dass weitere Aktivitäten jederzeit folgen können ist eine simple aber durchaus mögliche Folgerung. Ein Beispiel für Fälle dieser Art ist das gut untersuchte Gebiet Gran Canaria, das bereits seit 15 Millionen Jahren aktiv ist, jedoch von mehreren bis zu vier Millionen Jahre andauernden Phasen vulkanischer Ruhe unterbrochen wurde.

Aus diesen Gründen ist die Wahrscheinlichkeit auf weitere Ausbrüche in der Eifel gegeben und sogar sehr wahrscheinlich. Ob dies in Jahren, Jahrzehnten oder sogar Jahrtausenden geschehen wird ist ungewiss, denn „messbare Anzeichen für eine bevorstehende Vulkaneruption [treten] normalerweise nur Wochen oder Monate, gelegentlich Jahre vor dem eigentlichen Vulkanausbruch auf". Man kann nur anhand gewisser Kriterien konjunktivisch abschätzen, aber nicht eindeutig wissen und feststellen.

Diese Tatsache begeistert wiederholt die Medien national und international, worauf hin viele Dokumentationen, Berichte und Darstellungen verschiedener Horror- und Katastrophenszenarien verbreitet wurden.[61] Ein Beispiel hierfür ist der 2009 erschienene zweiteilige Spielfilm „Vulkan" mit Matthias Koeberlin in der Hauptrolle. Hier bricht der Vulkan des fiktiven „Lorchheimer Sees" aus und zerstört dabei nicht nur die beschauliche Kleinstadt „Lorchheim", sondern begräbt unter anderem auch Frankfurt am Main unter seiner Asche. In diesem Film wird das Szenario eines Ausbruchs des Laacher See Vulkans in unserer Zeit („Lorchheimer See") in interessanter und spektakulärer Weise veranschaulicht. Die kaum vorstellbare und dadurch sogar etwas surreal anmutende Lage wird dem Zuschauer durch Darstellungen verschiedener Schicksale einzelner Personen und etwas übertriebenen Szenen im Stile Hollywoods vermittelt. Das offene Ende inmitten der Endphase des Ausbruchs lädt zum Nachdenken ein.[62] Doch was würde nach solch einem katastrophalen Ereignis tatsächlich geschehen?

Das gesamte Neuwieder Becken und Gebiete noch über den Rhein hinaus würden unter Pyroklastika und Tephra begraben und zerstört werden. Außerdem wäre eine weiträumi-

---

[61] nach Schmincke Hans-Ulrich; 2014, S. 131 - 135
[62] nach Film: Vulkan; Janson Uwe, Deutschland, 2009

ge Sperrung des mitteleuropäische Flugraumes, sowie auch anderer Verkehrsmittel wie der Schifffahrt auf Rhein und Mosel oder des Zugverkehres unumgänglich. Je nach Dauer und Zeitpunkt des Ausbruchs würden über tausende von Ernten zerstört werden und Weiden nicht mehr nutzbar. Ebenfalls ist eine weitflächige, womöglich sogar globale Beeinflussung des Klimas durch die Eruptionspartikel nicht auszuschließen.[63]

Diese Aspekte betonen nochmals die Aktualität des Vulkanismus. Die Präsenz in der Vergangenheit, Gegenwart und Zukunft. Aber ist dies ein Grund, um Angst zu haben? Ist dies die Grundangst, die bereits Goethe erwähnte? Man weiß es nicht, da es die Vorstellungskraft der meisten Menschen weit überschreitet. Jedoch sollte man sich durchaus vergewissern, dass die Macht der Natur die Macht des ach so kleinen Menschen in wenigen Stunden, sogar Minuten oder Sekunden mit vergleichsweise geringem Kraftaufwand vernichten kann. Die Faszination, die eine solche Kraft jedoch auslöst, wirkt oft nahezu mystisch oder spirituell und kann durchaus in vielen Fällen zu etwas positivem genutzt werden. So lernen wir den hohen Wert der Natur kennen und vor allem zu schätzen. Leider ist in vielen Fällen erst eine Katastrophe nötig, um den so vielbeschäftigten Menschen die Augen zu öffnen und ihnen die Gegenwärtigkeit dieser Phänomene näher zu bringen. So versuchen wir das, was uns gegeben wurde zu nutzen und Verbindungen und Brücken zwischen Natur und Mensch zu bauen. „Unterschiedene Berge brennen zu gewissen Zeiten, und stossen alsdenn Dampf, auch wohl helle Feuerflammen, Asche und große Steine aus, ja von einigen derselben, fließet eine feurige und dicke Materie herab, die wenn sie kalt geworden, steinhart ist, also daß man Straßen mit derselben pflastern kann."[64]

Straßen, die Mensch und Natur verbinden.

---

[63] nach Schmincke; a. a. O., S. 14
[64] Büsching AF; Unterricht in der Naturgeschichte für diejenigen welche noch wenig oder gar nichts von derselben wissen, Berlin 1778, In: Schmincke Hans-Ulrich; 2014, S. 28

<u>Anhang</u>

<u>Weitere Abbildungen</u>

Abb. 2: Der Kaiserstuhl in Baden Württemberg

Abb. 3: Der Vogelsberg in Hessen

Abb. 9: Das Ulmener Maar mit der Kleinstadt Ulmen

Abb. 11: Zeichnung einer Eruption des Vesuvs (1822)

Abb. 12:   Aufsteigende Eruptionssäule aus dem Mount St. Helens in Washington, USA im Jahr 1980

Abb. 15: Wallenborn Geysir bei Bitburg in der Westeifel

Abbildungsverzeichnis

Abbildung 1:

http://www.eskp.de/fileadmin/_processed_/csm_karte_vulkanismus_dtl-
01_c4d0742335.png; aufgerufen am 19.09.2015

Abbildung 2:

http://www.badischer-
winzerkeller.de/sites/all/themes/badwinz/images/dummy_header.jpg; aufgerufen am
02.11.2015

Abbildung 3:

http://www.vogelsbergtourist.de/vogelsberg-panorama-2010-5.jpg; aufgerufen am
02.11.2015

Abbildung 4:

Google Earth, 50°10'23.01" N   6°50'55.63" O; aufgerufen am 25.10.2015

Abbildung 5:

Simper Gerd; Vulkanismus verstehen und erleben, Feuerbach, Feuerland Verlag, 2005,
S. 142
Abbildung 6:

Schmincke Hans-Ulrich; Vulkane der Eifel, Heidelberg, Verlag Springer-Spektrum, 2009,
2014^2, S. 17

Abbildung 7:

Schmincke Hans-Ulrich; Vulkane der Eifel, Heidelberg, Verlag Springer-Spektrum, 2009,
2014^2, S. 15

Abbildung 8:

Schmincke Hans-Ulrich; Vulkane der Eifel, Heidelberg, Verlag Springer-Spektrum, 2009,
2014^2, S. 26

Abbildung 9:

http://luftbild-rlp.de/resources/Luftbild-Ulmen.jpg; aufgerufen am 02.11.2015

Abbildung 10:

http://vulkanschule.de/images/laacher-see/luftbild.jpg; aufgerufen am 25.10.2015

Abbildung 11:

Schmincke Hans-Ulrich; Vulkane der Eifel, Heidelberg, Verlag Springer-Spektrum, 2009,
2014^2, S. 88

Abbildung 12:

Schmincke Hans-Ulrich; Vulkane der Eifel, Heidelberg, Verlag Springer-Spektrum, 2009,
2014 [2], S. 89

Abbildung 13:

Schmincke Hans-Ulrich; Vulkane der Eifel, Heidelberg, Verlag Springer-Spektrum, 2009,
2014 [2], S. 82

Abbildung 14:

Schmincke Hans-Ulrich; Vulkane der Eifel, Heidelberg, Verlag Springer-Spektrum, 2009,
2014 [2], S. 27

Abbildung 15:

http://www.eifel.info/images/7/1/1/l/s/4/b/l/y/!/0/-/wallender-born-geysir.jpg; aufgerufen am
06.11.2015

<u>**Literaturverzeichnis**</u>

Bibliographie

Anordnung erfolgt alphabetisch:

Büchel Georg, Lorenz Volker, Weiler Helmut; Das Westeifel-Vulkanfeld, In: Jahresberichte und Mittelungen des oberrheinischen geologischen Vereines, Stuttgart, Schweizerbart'sche Verlagsbuchhandlung, N.F. 66, 1984

Goethe Johann Wolfgang von; Italienische Reise, In: Goethe – Autobiographische Schriften III, Band 11, München, Verlag C. H. Beck oHG, 1981, 2002 [15]

Murawski Hans; Geologisches Wörterbuch, Stuttgart, Enke-Verlag, 1983 [8]

Richter Dieter; Allgemeine Geologie, New York, Berlin, Walter de Gruyter Verlag, 1986 [3]

Rothe Peter; Die Geologie Deutschlands, Darmstadt, Primus-Verlag, 2005

Schmincke Hans-Ulrich; Kräfte aus der Unterwelt? Ein Vorwort, In: Geographische Rundschau Juni 6 2011, S. 4 - 9

Schmincke Hans-Ulrich; Vulkanismus in der Eifel, Heidelberg, Verlag Springer Spektrum, 2009, 2014 [2]

Schmincke Hans-Ulrich; Quartärer Eifelvulkanismus, In: Geographische Rundschau Juni 6 2011, S. 9 - 16

Simper Gerd; Vulkanismus verstehen und erleben, Feuerbach, Feuerland Verlag, 2005

Walter Roland; Geologie von Mitteleuropa, Stuttgart, Schweizerbart'sche Verlagsbuchhandlung, 1992 [5]

Weitere Quellen

Bonanati Christina;
http://www.eskp.de/vulkangebiete-in-deutschland; aufgerufen am 17.09.2015

Erdzeitalter; Unterrichtsmaterial W-Seminar vom 22.09.14

Film: Vulkan, RTL, Janson Uwe, Deutschland, 2009

Szeglat Marc; http://www.vulkane.net/lernwelten/schueler/menschen5.html; aufgerufen am 17.09.2015